http://www.hongos.ar
@hongosdeargentina
contacto@hongos.ar

Autores: Gonzalo M. Romano, María Victoria Vignale y Nicolás Niveiro.

Diseño gráfico y maquetación: Florencia Saez - http://civettaestudio.com.ar
@civettaestudio - civettaestudio@gmail.com/ info@civettaestudio.com.ar

Romano, Gonzalo Matias
Guía de identificación de hongos con laminillas / Gonzalo Matias Romano ; MariaVictoria Vignale ; Nicolás Niveiro. - 1a ed. - Esquel : Fundación Hongos de Argentina para la Sustentabilidad, 2023.
88 p. ; 210 x 148 cm.

ISBN 978-987-47714-7-6

1. Hongos. 2. Ciencias Naturales. 3. Conservación de la Naturaleza. I. Vignale, MariaVictoria II. Niveiro, Nicolás
I. Vignale, Maria Victoria II. Niveiro, Nicolás III. Título
CDD 580

Gonzalo M. Romano, María Victoria Vignale y Nicolás Niveiro

Guía de identificación de hongos con laminillas

HONGOS·AR
HONGOS DE ARGENTINA

HONGOS·AR

HONGOS DE ARGENTINA

La Fundación Hongos de Argentina para la Sustentabilidad tiene como objetivos:

• Crear, promover, organizar y ejecutar la investigación, documentación, conservación, uso sustentable y difusión integral del Reino de los Hongos y sus potencialidades desde una base científica;

• Concientizar sobre la diversidad fúngica, su rol en los ecosistemas, su interacción con otros organismos, sus potenciales usos biotecnológicos, culinarios, medicinales y/o estéticos a través del desarrollo de investigaciones;

• Capacitar y fortalecer los conocimientos de las personas involucradas y desarrollar y aplicar nuevas tecnologías para la investigación en micología.

Índice

#1

Objetivo de esta guía

Esta guía representa el tercer volumen de la colección de Guías de Hongos de Argentina. El primero, "Guía ilustrada de recolección de hongos", permite introducir al lector en la biología general de los hongos: cómo viven y se nutren, en dónde se encuentran, cuál es su importancia en los ecosistemas y sobre todo cómo observarlos, fotografiarlos y recolectarlos. En la "Guía ilustrada de identificación de hongos", se buscó proporcionar más información y enumerar características de importancia en el estudio de clasificación del Reino Fungi, brindando herramientas morfológicas prácticas para poder distinguir los grandes grupos de hongos que se pueden observar a simple vista.

Así, la colección da lugar a la primera Guía que se adentra en uno de los grandes grupos de hongos en Argentina: los hongos con laminillas. El objetivo es que el lector pueda contemplar su diversidad, distinguiendo cuáles son aquellas estructuras importantes a observar y que además pueda utilizar la clave para llegar (o acercarse) a su identidad.

#2

¿Qué son los hongos?

Como vimos en las Guías anteriores, el cuerpo de los hongos está formado por filamentos de células que se extienden en el sustrato en el que habitan. Estos filamentos, que se llaman "hifas", forman el micelio del hongo. El micelio representa el cuerpo verdadero de los hongos: este será el responsable de la respiración, alimentación, crecimiento y generación de esporas (células hijas) a partir de la reproducción sexual con otro micelio compatible de la misma especie.

Los micelios haploides (n) uninucleados (también llamados micelios primarios) se unen (plasmogamia) generando un único micelio dicariótico (n + n) (micelio secundario). Este micelio, al igual que los micelios primarios, crecen sumergidos en el lugar en el que habitan, siendo suelo, hojarasca, madera, e incluso heces de distintos animales (figura 1). A partir de este se formará, cuando las condiciones sean las adecuadas, el esporoma, basidioma o lo que antes llamábamos basidiocarpo. En el himenio de los esporomas se formarán los basidios. Estos basidios al principio son dicarióticos (n + n) pero pronto sufren una cariogamia, produciendo un solo núcleo diploide (2n). Luego tiene lugar la meiosis que originará cuatros núcleos haploides (n). El basidio cambia su morfología, madura formando esterigmas, que son prolongaciones del citoplasma, a las cuales migrarán los cuatro núcleos formando las basidiosporas. Estás serán luego liberadas al ambiente recomenzando el ciclo, todas ellas con combinaciones diferentes de material genético, lo que las hace únicas (figura 1).

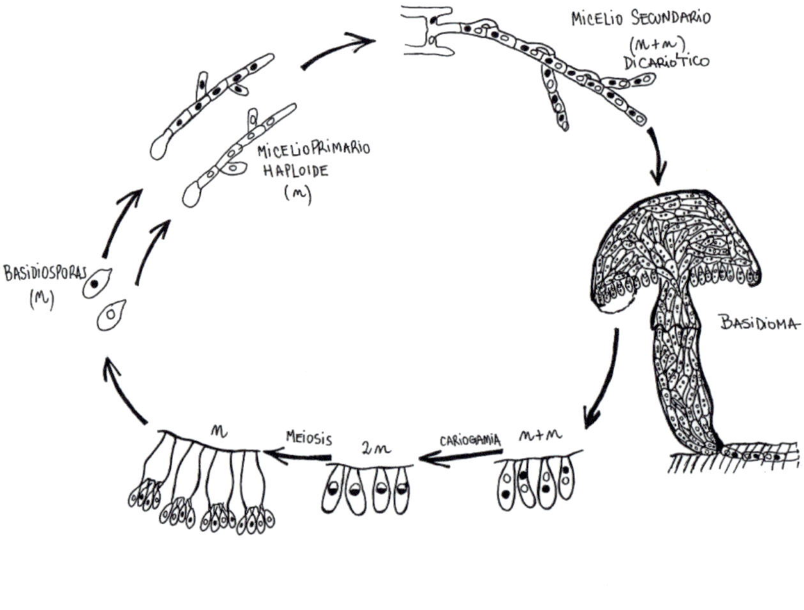

Figura 1

Ciclo de vida general de un hongo Basidiomycota.

#3

Los hongos con laminillas

Los hongos con laminillas son también llamados hongos de sombrero, paraguitas, setas, cucumelos, entre otros nombres. En su conjunto, son aquellas especies de hongos que forman esporomas visibles a simple vista, generalmente formado por un sombrero (píleo) que está recubierto por pliegues en la parte inferior. Estos pliegues son los que se denominan "laminillas" y que coloquialmente muchos llaman "librito".

Los hongos con laminillas no son visibles en todo momento, si bien el micelio crece en el sustrato, sus esporomas, o lo que llamamos "hongo", aparece cuando las condiciones son propicias, generalmente después de las lluvias, cuando hay humedad y baja la temperatura. En tiempos con estas condiciones se puede observar la aparición de numerosos sombreritos, los cuales duran unos pocos días, o incluso horas, para posteriormente "desaparecer" nuevamente. Los hongos con laminillas suelen tener consistencia blanda, carnosa o cartilaginosa, pero nunca dura como madera. Presentan una gran variabilidad de formas, colores, sabores y aromas que los hacen muy atractivos al momento de encontrarlos, siendo todos estos caracteres utilizados para su identificación.

Si bien históricamente se utilizaban estos caracteres físicos para clasificar y agrupar a las diferentes especies de hongos, en la actualidad se sabe que estos caracteres no representan cercanía entre especies. Esto quedó demostrado desde el comienzo de la utilización de técnicas de análisis molecular para evaluar la cercanía entre especies en base a su material genético (ADN). A pesar de ello, muchos grupos de hongos pueden ser identificados haciendo uso de sus caracteres morfológicos.

#4

¿Cómo se estudian e identifican?

Para la identificación de los esporomas los caracteres macroscópicos son de suma relevancia: veremos que tenemos 4 elementos diferentes a los que prestar especial atención: forma del sombrero, inserción de laminillas, forma del pie y esporada. Veamos cada uno de ellos:

Forma del sombrero

La forma del sombrero, también llamado píleo, puede ser muy diversa y es importante observarla para describir a los ejemplares. En la figura 2 podemos ver las formas más típicas que adoptan los sombreros de los hongos con laminillas. Vale la pena mencionar que muchas veces también se utilizan los prefijos "sub-" y/o "sobre-" para denotar un grado intermedio entre dos formas.

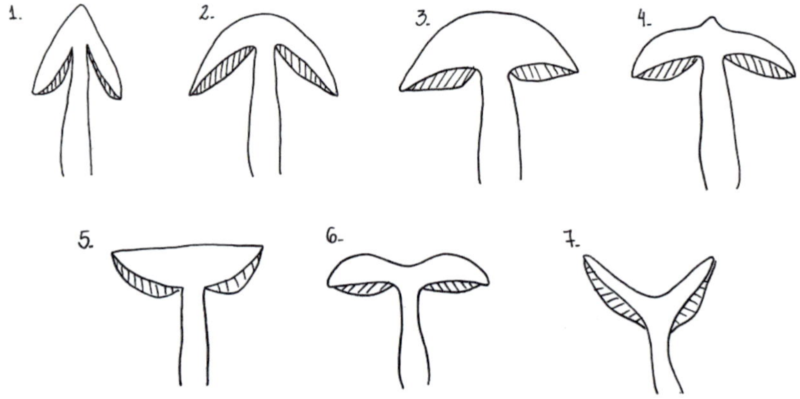

Figura 2

Formas del sombrero. 1- Cónico; 2- Campanulado; 3- Convexo; 4- Umbonado; 5- Aplanado; 6- Deprimido; 7- Infundibuliforme.

Forma del pie

Lo mismo ocurre con el pie o estípite, este puede ser filiforme, radicante, cilíndrico, claviforme, bulboso, etc. (figura 3) y puede o no presentar restos de velo como cortina, anillo, escamas, volva, etc. (figura 4).

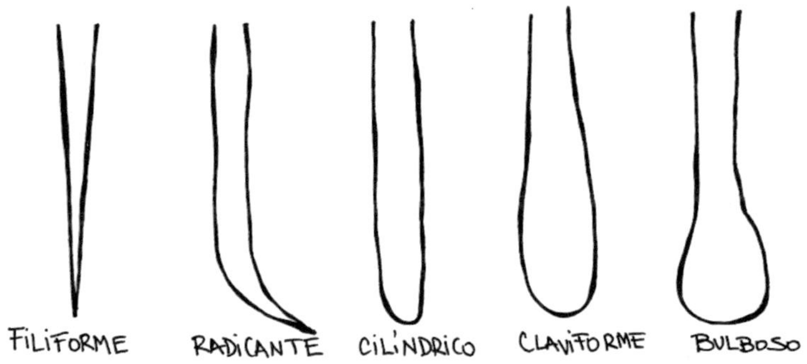

Figura 3

Diferentes formas del pie.

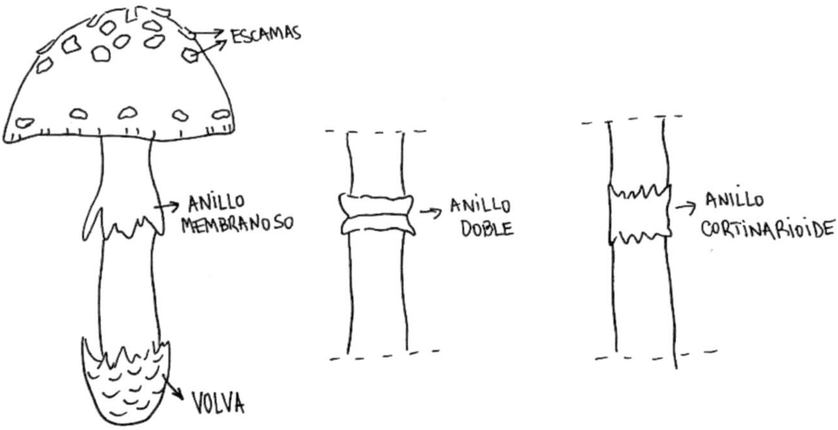

Figura 4

Restos de velo.

Inserción y distanciamiento de laminillas

Otra característica que resulta esencial para estudiarlos es la forma en que las laminillas se relacionan con el pie del esporoma: esto se llama "inserción de las laminillas", y pueden ser: libres, anexas, adnatas, decurrentes, etc (figura 5a). También suelen apreciarse diferencias en el distanciamiento de las laminillas, pudiendo estar desde muy apretadas, a existir solo unas pocas laminillas (figura 5b).

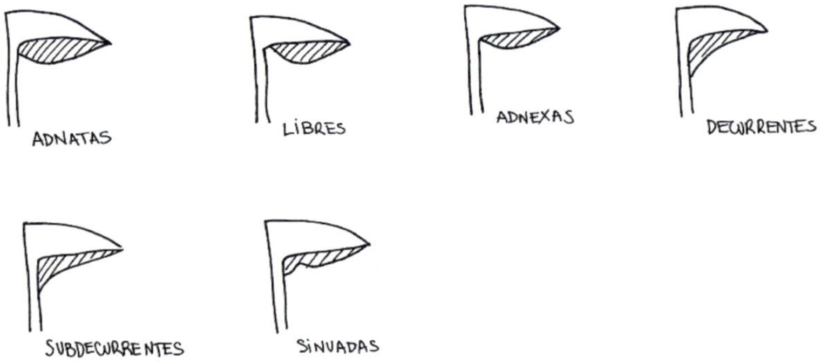

Figura 5a

Tipos de inserción al pie

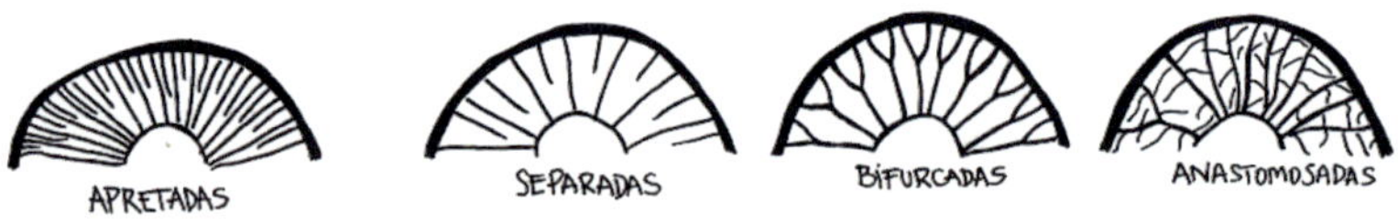

Figura 5b

Distanciamiento de las laminillas.

Esporada

La esporada es el color del depósito del conjunto de esporas que son liberadas por el esporoma en un corto tiempo, y es otro carácter de gran importancia para identificar hongos con laminillas. La esporada muchas veces puede observarse al momento de recolectar como una mancha en el sustrato, o en la superficie de sombreros que estén por debajo de otro más elevado, pero en caso de no observarla, hay técnicas que nos permiten obtenerla. Una de ellas consiste en cortar el pie del esporoma justo por debajo del sombrero, apoyar el sombrero con las laminillas hacia abajo sobre una base de papel y cubrirlo con un vaso o frasco para que no pierda la humedad (figura 6). Se deja varias horas o toda una noche para asegurarse que libere una buena cantidad de esporas y luego se quitan el vaso y el sombrero con cuidado. El patrón resultante en la hoja es la esporada de ese hongo. Es conveniente que el papel sea la mitad de color blanco y la otra mitad de color negro, para poder identificar mejor el color de la esporada ya sea esta claro u oscura. El color de la esporada podrá ser: blanca, crema, rosada, verde, violácea, castaña o negra.

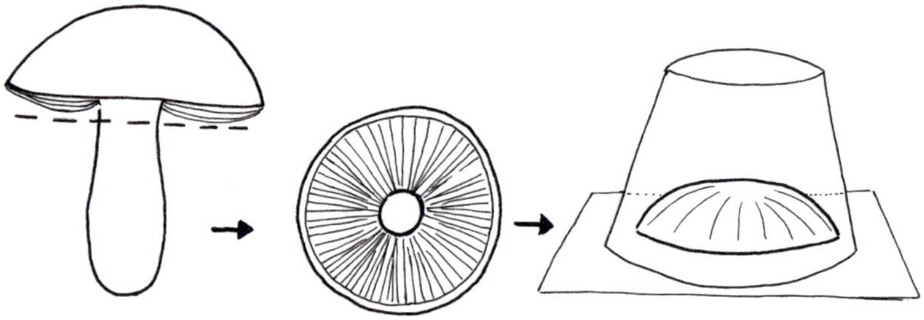

Figura 6
Obtención de la esporada.

#5

Hongos tóxicos

Los hongos que denominamos tóxicos sólo lo son por ingestión. En la Argentina aún no se han registrado especies que puedan generar reacciones de toxicidad por otra vía. A pesar de ello, recomendamos lavarse las manos luego de su manipulación y no transportar hongos tóxicos junto con hongos comestibles u otros alimentos para evitar confusiones.

Aviso: esta guía no pretende enseñar a los lectores a identificar hongos comestibles y tóxicos. Se trata de una guía de reconocimiento de grandes grupos de hongos con laminillas para su identificación y fotografía recreativa. Bajo ningún concepto se deben ingerir hongos de los cuales no se tenga la certeza absoluta sobre su comestibilidad. Ante la menor duda de un caso de ingestión de hongos tóxicos dirigirse al centro de salud más cercano con una muestra de lo ingerido.

#6

¿Cómo usar una clave?

Las claves dicotómicas son un esquema diseñado para facilitar la identificación de organismos. Son utilizadas en diversas disciplinas por su practicidad y por la gran cantidad de información que resumen. Constan de pasos consecutivos, que siguen una secuencia ordenada, en donde se comparan caracteres. No existe un criterio preestablecido para elaborarlas, pero resulta práctico partir de la información de lo más general a lo más específico, con el fin de incluir al ejemplar que estamos observando dentro de un grupo. Estos caracteres deben ser presentados en cada paso de a dos (por eso se llama dicotómica) y deben ser contrapuestos, de modo tal que de las dos alternativas diferentes se deberá elegir solamente una, ya que no es posible que un ejemplar cumpla con las dos alternativas a la vez.

Al elegir uno de los dos caminos planteados, se transita por las distintas series de pasos hasta lograr la determinación del ejemplar en cuestión.

El primer paso (1) describe un carácter, y el mismo paso "prima" (1´) describe lo opuesto. Cada instancia de un paso lleva a otro paso consecutivo, donde se repite el procedimiento.

#7

Clave para identificar los principales hongos con laminillas de Argentina

1. Esporada blanca o crema .... Pág. 19
1′. Esporada de otro color 2
2. Esporada con tonos rosados a verdosos 3
2′. Esporada con tonos castaños a negros 4
3. Esporada rosada .... Pág. 22
3′. Esporada verde .... *Chlorophyllum* (Pág. 33)
4. Esporada castaña clara .... Pág. 23
4′. Esporada castaña oscura, violácea o negra .... Pág. 24

Esporada blanca o crema

1. Con pie bien definido 2
1′. Con pie reducido o ausente 25
2. Con restos de velo parcial (anillo) 3
2′. Sin restos de velo parcial (anillo) 9

3. Laminillas libres 4
3´. Laminillas anexas a adnatas 8
4. Con volva .... *Amanita* (Pág. 30)
4´. Sin volva 5
5. Basidiomas de gran tamaño pero de aspecto grácil, sombrero generalmente superando los 10 cm de diámetro, longitud del pie 2-3 veces el diámetro del sombrero, con anillo doble .... *Macrolepiota* (Pág. 59)
5´. Esporomas más pequeños, con una relación del diámetro del sombrero y la longitud del pie menor, con anillo simple o doble 6
6. Anillo simple, membranoso, difícilmente separable del pie ....
.... *Lepiota* (Pág. 53)
6´. Anillo doble, fácilmente separable del pie.. 7
7. Esporomas carnosos, margen liso, no estriado, algunas especies se manchan de rojizo al corte, sin escamas caedizas en la superficie del sombrero .... *Leucoagaricus* (Pág. 56)
7´. Esporomas más delicados, margen surcado estriado, ocasionalmente con escamas caedizas sobre la superficie del sombrero......................
.... *Leucocoprinus* (Pág. 57)
8. (3). Sobre madera .... *Oudemansiella* (Pág. 63)
8´. Sobre suelo .... *Tricholoma* (Pág. 75)
9. (2). Esporomas medianos a grandes.. 10
9´. Esporomas pequeños, frágiles 17
10. Esporomas muy grandes y pesados, superando los 500 g de peso...
.... *Macrocybe* (Pág. 58)
10´. Esporomas nunca superando los 500 g de peso 11
11. Pie de consistencia frágil, similar a tiza mojada, que se parten fácilmente. En el suelo, en pinares o abedulares.. 12
11´. Pie de consistencia fibrosa, si se parte forma largas fibras. Hábito variable 13

12. Pie y/o laminillas exudando latex al ser cortados .... *Lactarius* (Pág. 51)

12´. Pie o laminillas sin exudar latex al ser cortados ...... *Russula* (Pág. 72)

13. Esporomas de consistencia corchosa o coriácea (como cuero), tenaces que no se rompen con facilidad .... *Lentinus* (Pág. 52)

13´. Esporomas de consistencia carnosa o fibrosa, más frágiles, que se rompen con facilidad al tacto 14

14. Laminillas gruesas, cerosas, distantes .... *Laccaria* (Pág. 50)

14´. Laminillas delgadas, más o menos apretadas 15

15. Esporomas creciendo en madera. Laminillas decurrentes .... *Pleurotus* (Pág. 67)

15´. Esporomas creciendo en el suelo u hojarasca. Laminilas de inserción variable 16

16. Esporomas con tonos castaños a blanquecinos .... *Clitocybe* (Pág. 34)

16´. Esporomas con tonos liláceos o rosados .... *Lepista* (Pág. 54)

17. (9). Laminillas anexas a adnatas. Esporomas generalmente convexos a aplanados 18

17´. Laminillas subdecurrentes a decurrentes. Esporomas generalmente con forma de embudo o deprimidos centralmente 24

18. Esporomas frecuentemente cubiertos con mucílago o al menos la superficie con consistencia viscosa 19

18´. Esporomas nunca cubiertos con mucílago 21

19. Pie aterciopelado .... *Flammulina* (Pág. 41)

19´. Pie liso, glabro (sin pelos) 20

20. Laminillas gruesas .... *Hygrocybe* (Pág. 47)

20´. Laminillas finas .... *Mycena* (Pág. 61)

21. (18). Pie filiforme, similar a un pelo, generalmente oscuro, presentan pocas laminillas adnatas, sobre hojarasca o madera .... *Marasmius* (Pág. 60)

21´. Pie más carnoso y delicado, de coloración variable, pero generalmente no muy oscuro, laminillas anexas, en el suelo o madera 22

22. Pie fuertemente aterciopelado con tonalidades amarillentas a mostaza.. *Xeromphalina* (Pág. 77)

22´. Pie liso o con pelos, pero no aterciopelado, con coloraciones variables 23

23. Sombrero cónico a campanulado .... *Mycena* (Pág. 61)

23´. Sombrero convexo a parabólico......................... *Gymnopus* (Pág. 44)

24. (17). Esporomas viscosos, generalmente humícola .... *Hygrocybe* (Pág. 47)

24´. Esporomas secos a húmedos, nunca viscosos, hábito generalmente muscicola o xilobionte...................................... *Omphalina* (Pág. 62)

25. (1). Laminillas hundidas, como curvadas hacia el sombrero............ .... *Schizophyllum* (Pág. 73)

25´. Laminillas no hundidas 26

26. Esporomas sujetos lateralmente al sustrato .... *Hohenbuehelia* (Pág. 46)

26´. Esporomas sujetos dorsalmente al sustrato .... *Resupinatus* (Pág. 71)

Esporada rosada

1. Con volva .... *Volvariella* (Pág. 76)

1´. Sin volva... 2

2. Hongos generalmente lignícolas. Laminillas libres ....
.... *Pluteus* (Pág. 68)
2´. Hongos generalmente humícolas. Laminillas nunca libres 3
3. Laminillas anexas a adnatas .... *Laccaria* (Pág. 50)
3´. Laminillas sinuadas 4
4. Hongos pequeños, frágiles, cónicos a convexos, con el margen incurvado, con tonalidades blancas, castañas o negras.......................
.... *Entoloma* (Pág. 40)
4´. Hongos carnosos, más resistentes, convexos a aplanados, con el margen recto, superficie del sombrero, laminillas y pie con tonalidades liláceas .... *Lepista* (Pág. 54)

Esporada castaña clara a ferruginea

1. Pie ausente o si presente, es lateral y rudimentario ....
.... *Crepidotus* (Pág. 39)
1´. Pie central bien desarrollado... 2
2. Esporomas medianos a grandes, carnosos, generalmente sobrepasando los 2 cm de diámetro y con pies carnosos............................ 3
2´. Esporomas pequeños, delicados, generalmente no sobrepasando los 2 cm de diámetro y pies gráciles.. 10
3. Laminillas libres .... *Agaricus* (Pág. 28)
3´. Laminillas nunca libres... 4
4. Laminillas adnatas a subdecurrentes...5
4´. Laminillas anexas.. **5.** Asociado a especies exóticas como pino.. *Paxillus* (Pág. 65)
5´. Asociado a especies nativas de *Nothofagus*, en bosques patagónicos.

6. Pie con anillo membranoso o cortinarioide, ocasionalmente caedizo al madurar 7
6´. Pie sin anillo 9
7. Anillo membranoso .... *Agrocybe* (Pág. 29)
7´. Anillo cortinarioide formado por restos fibrillosos de velo parcial y/o universal 8
8. Esporomas medianos a grandes, con tonalidades anaranjadas, amarillentas, o violáceas, superficie seca, escamosa, creciendo sobre madera, muchas veces sobre la base de troncos en pie .... *Gymnopilus* (Pág. 43)
8´. Esporomas variados en consistencias y coloraciones, creciendo en el suelo, asociado a especies de árboles nativos como *Nothofagus* o *Alnus* .... *Chlorophyllum* (Pág. 33)
9. (6). Sombrero viscoso, liso .... *Hebeloma* (Pág. 45)
9´. Sombrero seco, superficie con resquebrajaduras, hendiduras o grietas .... *Inocybe* (Pág. 49)
10. (2). Sombrero cónico, superficie seca, humícola .... *Conocybe* (Pág. 35)
10´. Superficie del sombrero viscosa, o al menos húmeda 11
11. Restos de velo ausentes .... *Bolbitius* (Pág. 32)
11´. Restos de velo parcial persistentes .... *Galerina* (Pág. 42)

Esporada castaña oscura, violácea o negra

1. Esporomas plicado estriados que se degradan rápidamente al cosecharlos, quedando manchas como tinta 2
1´. Esporomas cónicos a convexos con el margen liso, sin proceso acelerado de degradación, nunca manchan como tinta 3

2. Esporomas solitarios de a grupos reducidos pero de gran tamaño.... .... *Coprinus* (Pág. 37)

2´. Esporomas creciendo en grupos numerosos, de tamaño reducido.. .... *Coprinellus* (Pág. 36)

3. Superficie del sombrero glutinosa o pegajosa en estado húmedo 4

3´. Superficie del sombrero seca 6

4. Superficie del sombrero glutinosa............................ *Pholiota* (Pág. 66)

4´. Superficie del sombrero lisa 5

5. Sombrero rojo, restos de velo en el margen formando bandas blancas, laminillas oscuras, pie blanco a amarillo cubierto de fibrillas .... *Leratiomyces* (Pág. 55)

5´. Sombrero amarillo a bordó, con restos de velo en el margen pero nunca formando bandas, con anillo bien formado............................. .... *Stropharia* (Pág. 74)

6. (3). Esporomas rechonchos, laminillas libres, que van tornándose de blancas, rosadas a castaño oscuras. Pie con anillo .... *Agaricus* (Pág. 28)

6´. Esporomas más gráciles, laminillas anexas a adnatas, castañas oscuras sin pasar por el estadio rosado. Pie con o sin anillo 7

7. Sobre madera 8

7´. Sobre estiércol de ganado 9

8. Hongos de colores vivos, amarillentos a rojizos, de consistencia firme .... *Hypholoma* (Pág. 48)

8´. Hongos con tonalidades castañas opacas, muy frágiles...................... .... *Psathyrella* (Pág. 69)

9. Laminillas moteadas. Sombreros cónicos a parabólicos .... *Panaeolus* (Pág. 64)

9´. Laminillas no moteadas. Sombreros convexos a umbonados .... *Psilocybe* (Pág. 70)

#8

Descripciones de géneros más frecuentes

Agaricus

Esporomas medianos a grandes, carnosos, rechonchos. Sombrero cónico a convexo con el margen liso y superficie seca. Pie cilíndrico a algo clavifome, central, bien desarrollado, carnoso, con anillo membranoso. Laminillas libres blancas cuando inmaduro, luego rosadas y finalmente castaño oscuras. Esporada castaña oscura a negra. Crece en praderas o en el interior de la selva en humus.

Agrocybe

Esporomas medianos a grandes, carnosos. Sombrero convexo a plano con tonalidades castañas, superficie seca a húmeda, no viscosa. Pie central, cilíndrico, fibroso, con anillo membranáceo, ocasionalmente caedizo al madurar. Laminillas anexas, de colores castaños, próximas a apretadas. Esporada castaña clara a ferruginea. Creciendo sobre troncos o humus.

Amanita

Esporomas medianos a grandes, carnosos. Sombrero plano-convexo con tonalidades variables, de blancas a colores llamativos como rojo, anaranjado, verdoso. Pie central, fibroso, cilíndrico, con anillo membranoso y volva. Laminillas libres, blancas, apretadas. Esporada blanca. En su mayoría representado por especies introducidas, crece en el suelo, asociado a árboles cultivados como pinos o robles.

Austropaxillus

ESPORADA CASTAÑA CLARA

SOBRE SUELO

Esporomas medianos a grandes, carnosos. Sombrero deprimido a infundibuliforme, con tonalidades castañas y superficie seca. Pie central, claviforme, carnoso, sin anillo ni volva. Laminillas adnatas a subdecurrentes. Esporada castaña clara. Crece en el suelo, asociado a especies nativas de *Nothofagus* en los bosques patagónicos.

Bolbitius

ESPORADA CASTAÑA CLARA

SOBRE HUMUS

Esporomas pequeños y delicados. Sombrero cónico a campanulado, con tonalidades llamativas, superficie viscosa o al menos húmeda. Pie central, cilíndrico, grácil, sin anillo ni volva. Laminillas libres a anexas, de colores llamativos, próximas a apretadas. Esporada castaña clara. Crece generalmente en humus.

Chlorophyllum

ESPORADA VERDE | SOBRE SUELO

Esporomas medianos a grandes, carnosos. Sombrero convexo a umbonado, crema a castaño claro, superficie seca, cubierta por escamas adheridas. Pie central, claviforme, carnoso, con anillo simple, membranoso, difícilmente separable del pie, sin volva. Laminillas libres, apretadas, blancas inicialmente, volviéndose verdosas al madurar. Esporada verde. Crece en el suelo.

Clitocybe

Esporomas medianos a grandes, de consistencia carnosa, frágiles. Sombrero plano a infundibuliforme, con tonos blanquecinos a castaños, superficie seca. Pie central, cilíndrico, de consistencia fibrosa, sin anillo ni volva. Laminillas adnatas a decurrentes, delgadas, próximas a apretadas. Esporada blanca. Crece en el suelo u hojarasca.

Conocybe

ESPORADA CASTAÑA CLARA A FERRUGINEA

SOBRE HUMUS

Esporomas pequeños, delicados. Sombrero cónico a campanulado a convexo, de tonos castaños y superficie seca, a lo sumo húmeda (pero nunca viscosa). Pie central, cilíndrico a filiforme, grácil, generalmente sin anillo. Laminillas libres a anexas, castañas, próximas. Esporada castaña clara a ferruginea. Crece en humus.

Coprinellus

Esporomas pequeños a medianos, frágiles, se degrada rápidamente al cosechar, crece en grupos numerosos. Sombrero cónico a campanulado, marcadamente plicado estriado, con tonalidades cremas a castañas. Pie central, cilíndrico, grácil, frágil, sin anillo ni volva. Laminillas libres a anexas, blancas al principio, volviéndose negras por las esporas. Esporada negra. Crece en madera en descomposición, estiércol o humus.

Coprinus

Esporomas medianos, que se degradan rápidamente al cosecharlos, quedando manchas como tinta, crece solitario o en grupos reducidos pero de gran tamaño. Sombrero cónico a campanulado, superficie seca, cubierta con escamas, margen plicado estriado. Pie central, cilíndrico, fibroso, sin anillo ni volva. Laminillas libres a anexas, blancas al principio, tornándose negras, volviéndose como tinta al madurar (delicuescentes). Esporada negra. Crece en humus, estiércol o madera en descomposición.

Cortinarius

ESPORADA CASTAÑA A FERRUGINEA

SOBRE SUELO

Esporomas medianos a grandes, carnosos, variados en consistencias y coloraciones. Sombrero variable, cónico, convexo, umbonado, superficie viscosa o seca, con tonalidades variables, de colores castaños a llamativos. Pie central, variable, bien desarrollado, con anillo cortinarioide formado por restos fibrillosos de velo, ocasionalmente caedizo al madurar. Laminillas anexas, de colores variables. Esporada castaña a ferruginea. Crecen en el suelo, asociado a especies de árboles nativos como *Nothofagus* o *Alnus*.

Crepidotus

Esporomas pequeños a medianos. Sombrero flabeliforme o demediado, con tonalidades blanquecinas a castañas, superficie seca. Pie ausente o lateral y rudimentario. Laminillas concurrentes, con tonalidades blanquecinas a castañas. Esporada castaña clara a ferruginea. Crece en madera en descomposición.

Entoloma

Esporomas pequeños, frágiles. Sombrero cónico a convexo, con el margen incurvado, con tonalidades variables, blancas, castañas, coloreadas o negras. Pie central, cilíndrico, fibroso, sin anillo ni volva. Laminillas sinuadas, con coloraciones variables, próximas a apretadas. Esporada rosada. Crece en el suelo.

Flammulina

Esporomas pequeños, frágiles. Sombrero convexo a aplanado, con tonalidades amarillentas a castañas, viscosas al tacto, frecuentemente cubierto con mucílago. Pie central, cilíndrico, aterciopelado, sin anillo ni volva. Crece en madera en descomposición.

ESPORADA CASTAÑA CLARA A FERRUGINEA

MADERA EN DESCOMPOSICIÓN

SOBRE MUSGO

Galerina

Esporomas pequeños, delicados. Sombrero cónico, convexo o umbonado, con tonalidades amarillentas a castañas, superficie lisa, húmeda a viscosa. Pie grácil, central, cilíndrico, generalmente con anillo, aunque muchas veces no persistente, sin volva. Laminillas anexas a adnatas, con tonalidades castañas ferrugineas, algo apretadas. Esporada castaña clara a ferruginea. Crece en madera en descomposición, generalmente asociado a musgos.

Gymnopilus

Esporomas medianos a grandes, con tonalidades anaranjadas, amarillentas, o violáceas, carnosos. Sombrero convexo, liso o cubierto por escamas, superficie seca. Pie central, carnoso, claviforme, con anillo membranoso o cortinarioide, ocasionalmente caedizo al madurar. Laminillas anexas a adnatas, ferrugineas, próximas a apretadas. Esporada ferruginea. Crecen en madera en descomposición o muchas veces sobre la base de troncos en pie.

Gymnopus

Esporomas pequeños, frágiles. Sombrero cónico a convexo, con tonalidades castañas, superficie seca. Pie central, radicante, delicado, liso o con pelos (no aterciopelado) sin anillo ni volva. Laminillas anexas a adnatas, blanquecinas, generalmente apretadas. Esporada blanca. Crece en hojarasca o madera en descomposición.

ESPORADA CASTAÑA CLARA A FERRUGINEA

SOBRE SUELO

Hebeloma

Esporomas medianos a grandes, carnosos. Sombrero convexo a plano, con tonalidades blanquecinas a castañas, superficie lisa y viscosa. Pie central, cilíndrico, fibroso, sin anillo ni volva. Laminillas anexas, blanquecinas, volviéndose castañas, próximas a apretadas. Esporada castaña clara a ferruginea. Crece en el suelo.

Hohenbuehelia

Esporomas pequeños con la carne gelificada. Sombrero flabeliforme a espatulado, con tonalidades blanquecinas o negras, superficie viscosa, o al menos húmeda. Pie ausente o reducido y lateral, sin anillo ni volva. Laminillas concurrentes, no hundidas a lo largo, próximas a apretadas. Esporada blanca. Crece en madera en descomposición.

Hygrocybe

Esporomas pequeños, frágiles. Sombrero convexos a infundibuliformes, con tonalidades llamativas, rojizo, anaranjado, amarillento, superficie lisa, cubierta con mucílago. Pie central, cilíndrico, liso, glabro, sin anillo ni volva. Laminillas anexas a decurrentes, gruesas, generalmente distantes. Esporada blanca. Generalmente crece en el suelo.

Hypholoma

Esporomas medianos, carnosos de consistencia firme. Sombrero cónico a convexo, o incluso umbonado, de colores llamativos, amarillentos a rojizos, con la superficie seca y el margen liso. Pie central, cilíndrico, con o sin anillo, sin volva. Laminillas anexas a adnatas, apretadas, castañas oscuras sin pasar por el estadio rosado. Esporada castaña oscura, violácea o negra. Crece en madera en descomposición.

Inocybe

ESPORADA CASTAÑA CLARA

SOBRE SUELO

Esporomas medianos a grandes, carnosos. Sombrero convexo, generalmente umbonados, superficie seca, con resquebrajaduras, hendiduras o grietas, o mínimamente fibrillas radiales. Pie central, cilíndrico, carnoso, sin anillo ni volva. Laminillas anexas a adnatas, grisáceas a castañas, apretadas. Esporada castaña clara. Crece en el suelo.

Laccaria

Esporomas medianos a grandes, de consistencia carnosa, frágiles, que se rompen con facilidad al tacto. Sombrero convexo, generalmente deprimido centralmente, con coloraciones llamativas, anaranjados, rosados, rojizos, violáceos, superficie seca. Pie central, cilíndrico, fibroso, generalmente estriado, sin anillo ni volva. Laminillas adnatas a decurrentes, gruesas, cerosas, distantes. Esporada blanca. Crece en el suelo u hojarasca.

Lactarius

Esporomas medianos a grandes, carnosos, de consistencia frágil, similar a tiza mojada, que se parte fácilmente y al cortarlos pueden exudar látex blanco o verdoso. Sombrero deprimido centralmente, con colores llamativos (anaranjado, azulado, etc.). Pie cilíndrico, hueco, sin anillo ni volva. Laminillas adnatas a subdecurrentes, próximas. Esporada blanca. Crece en el suelo asociado a pinos y menos frecuentemente a abedules.

Lentinus

Esporomas medianos a grandes, de consistencia corchosa o coriácea (como cuero), tenaces, que no se rompen con facilidad. Sombrero deprimido a infundibuliforme, con tonalidades castañas, superficie seca, generalmente piloso o escamoso. Pie central, cilíndrico, de consistencia fibrosa, sin anillo ni volva. Laminillas decurrentes, blancas, próximas a apretadas. Esporada blanca. Crece en madera en descomposición o en el suelo, pero siempre asociado a ramas o raíces semienterradas.

ESPORADA BLANCA

SOBRE SUELO

Lepiota

Esporomas pequeños a medianos, carnosos, longitud del pie menor a 2 veces el diámetro del sombrero. Sombrero convexo a umbonado, con coloraciones variables, superficie seca, lisa o cubierta por fibrillas o escamas. Pie central, cilíndrico a claviforme, carnoso, con anillo simple, membranoso, difícilmente separable del pie, sin volva. Laminillas libres, blancas (ocasionalmente amarillentas), apretadas. Esporada blanca. Crece en el suelo.

ESPORADA ROSADA A LILÁCEA CLARA

SOBRE SUELO

SOBRE HOJARASCA

Lepista

Esporomas medianos a grandes, de consistencia carnosa, frágiles, que se rompen con facilidad al tacto. Sombrero convexo a aplanado, ocasionalmente deprimidos centralmente, con el margen recto, con tonos liláceos a rosados. Pie central, cilíndrico, de consistencia fibrosa, sin anillo ni volva. Laminillas sinuadas, delgadas, más o menos apretadas. Esporada rosada a lilácea clara. Crece en el suelo o en la hojarasca.

Leratiomyces

Esporomas pequeños a medianos, carnosos. Sombrero cónico a convexo, con tonalidades rojizas, superficie lisa, glutinosa o pegajosa en estado húmedo, margen con restos de velo que forman bandas blancas. Pie central, cilíndrico, blanco a amarillo cubierto de fibrillas, con anillo membranoso delicado que se desprende facilmente, sin volva. Laminillas anexas a adnatas, con coloraciones oscuras, apretadas. Esporada violácea a negra. Crece en el suelo.

ESPORADA BLANCA

SOBRE SUELO

Leucoagaricus

Esporomas pequeños a medianos, carnosos, algunas especies se manchan de rojizo al corte. Sombrero convexo a umbonado, con el margen liso, no estriado, con coloraciones variables, blanquecino, castaño, rojizo, liláceo, superficie seca, generalmente cubierto por fibrillas o escamas. Pie central, cilíndrico, generalmente más corto que dos veces el diámetro del sombrero, con anillo simple o doble, fácilmente separable del pie, sin volva. Laminillas libres, blancas, apretadas. Esporada blanca. Crece en el suelo.

Leucocoprinus

Esporomas pequeños a medianos, carnosos, frágiles. Sombrero cónico a convexo, con el margen estriado, de coloraciones variables, blanco, castaño, amarillento, superficie seca, generalmente cubierto por escamas caedizas. Pie central, bulboso, con anillo membranoso doble, fácilmente separable del pie, sin volva. Laminillas libres, blancas o amarillas en algunos casos, apretadas o distantes. Esporada blanca. Crece sobre madera en descomposición o humus.

ESPORADA BLANCA

SOBRE SUELO

Macrocybe

Esporomas muy grandes y robustos. Sombrero convexo, carnoso, con tonalidades cremas, superficie seca, lisa o resquebrajándose. Pie central, claviforme, robusto, cubierto con escamas, sin anillo ni volva. Laminillas anexas, blancas, apretadas, angostas. Esporada blanca. Crece en el suelo.

Macrolepiota

Esporomas de gran tamaño pero de aspecto grácil. Sombrero generalmente superando los 10 cm de diámetro, convexo a umbonado, con tonalidades cremas, grisáceas o castañas, superficie seca, cubierta por fibrillas o escamas. Pie central, cilíndrico, muy largo (2-3 veces más que el diámetro del sombrero), con anillo doble, sin volva. Laminillas libres, blancas, apretadas. Esporada blanca. Crece en el suelo.

ESPORADA BLANCA SOBRE HOJARASCA SOBRE MADERA

Marasmius

Esporomas pequeños, membranáceos pero relativamente resistentes. Sombrero convexo con coloraciones variables (blanco, castaños, rojizos, violáceos), margen generalmente estriado o surcado, superficie seca, generalmente lisa. Pie central (en pocos casos reducido y lateral o ausente) filiforme, similar a un pelo, generalmente oscuro, sin anillo ni volva. Laminillas anexas o libres uniéndose entre sí formando como un collar, distantes a próximas. Esporada blanca. Crecen en hojarasca o madera.

ESPORADA BLANCA · SOBRE SUELO · MADERA EN DESCOMPOSICIÓN

Mycena

Esporomas pequeños, membranáceos, frágiles. Sombrero variable, cónico a campanulado o incluso convexo, con coloraciones variables (blancas, castañas, rojizas, violáceas), superficie lisa, seca o frecuentemente cubierta con mucílago. Pie central, cilíndrico, liso, glabro, sin anillo ni volva. Laminillas anexas a subdecurrentes, delgadas, a veces con el margen coloreado. Esporada blanca. Crece en el suelo o madera en descomposición.

Omphalina

Esporomas pequeños, membranáceos, frágiles. Sombrero deprimido centralmente a infundibuliforme, con coloraciones llamativas o castañas, margen estriado, superficie seca a húmeda, nunca viscosa. Pie central, cilíndrico, delicado, sin anillo ni volva. Laminillas decurrentes, distantes, de coloraciones variables. Esporada blanca. Crece en madera o asociado a musgos.

ESPORADA BLANCA
SOBRE MADERA

Oudemansiella

Esporomas medianos, carnosos. Sombrero convexo, blanquecino a castaño, liso o cubierto por escamas, margen entero, superficie cubierta por mucílago o viscosa. Pie central, cilíndrico, carnoso, con anillo caedizo o sin anillo, sin volva, pero ocasionalmente con la base del pie bulbosa. Laminillas anexas a adnatas, anchas, blancas, próximas. Esporada blanca, llamativamente abundante. Crece en madera.

Panaeolus

Esporomas medianos, gráciles. Sombreros cónicos a convexos, con tonos cremas, castaños o grisáceos, margen liso, superficie seca, lisa o resquebrajada dejando ver la carne del sombrero. Pie central, cilíndrico, fibroso, delgado y delicado, con anillo caedizo o sin anillo, sin volva. Laminillas anexas a adnatas, castañas oscuras, moteadas en la madurez, próximas. Esporada negra. Crece en estiércol de ganado.

ESPORADA CASTAÑA CLARA

SOBRE SUELO

Paxillus

Esporomas medianos a grandes, carnosos. Sombrero convexo a infundibuliforme, de tonalidades castañas, superficie seca, pilosa en el margen. Margen marcadamente enrollado. Pie central, algo claviforme, carnoso. Laminillas decurrentes, fácilmente separables de la carne del sombrero. Esporada castaña clara. Crece en el suelo, asociado a especies exóticas como el pino.

Pholiota

Esporomas medianos, carnosos. Sombrero cónicos a convexos, con tonalidades cremas a castañas, amarillentas o anaranjadas, superficie cubierta por escamas, por una película viscosa, o ambos, margen liso. Pie central, cilíndrico, fibroso, con anillo escamoso, sin volva. Laminillas anexas a adnatas, apretadas, con tonalidades grisáceas a castañas. Esporada castaña oscura. Crece en madera en descomposición.

ESPORADA BLANCA SOBRE MADERA

Pleurotus

Esporomas medianos a grandes, carnosos. Sombrero demediado a infundibuliforme, con tonalidades blanquecinas, castañas, grisáceas o incluso rosadas, superficie lisa, seca a levemente viscosa. Pie ausente o lateral, de consistencia fibrosa, sin anillo ni volva. Laminillas decurrentes, generalmente blancas, próximas. Esporada blanca. Crece en madera.

ESPORADA ROSADA

MADERA EN DESCOMPOSICIÓN

Pluteus

Esporomas pequeños a grandes, carnosos, frágiles. Sombrero convexo, de coloraciones variables, superficie lisa a fibrilosa, seca, margen liso, incurvado. Pie central, cilíndrico a claviforme, fibroso, sin anillo ni volva. Laminillas libres, apretadas, blancas con tonalidades rosadas. Esporada rosada. Crece sobre madera en descomposición.

ESPORADA CASTAÑA OSCURA

SOBRE MADERA

Psathyrella

Esporomas medianos a grandes, muy frágiles. Sombrero cónicos a convexos con el margen liso, con tonalidades castañas opacas, superficie seca. Pie central, cilíndrico, fibroso, con o sin anillo, sin volva. Laminillas anexas a adnatas, castañas oscuras. Esporada castaña oscura. Crece en madera.

Psilocybe

Esporomas medianos a grandes, carnosos a más delicados, algunas especies se tiñen de azul verdoso al tacto. Sombrero cónicos a convexos o umbonados, coloración variable, generalmente con tonos castaños, margen liso, superficie del sombrero seca o algo viscosa. Pie central, cilíndrico, carnoso a delicado, con o sin anillo, sin volva. Laminillas anexas a adnatas, castañas oscuras a negras. Esporada castaña oscura, violácea a negra. Crece en estiércol de ganado o en madera en descomposición.

Resupinatus

Esporomas muy pequeños, dorsalmente unidos al sustrato, membranáceos. Sombrero con forma de disco, circular, con tonalidades blancas, grisáceas o negras, superficie seca, lisa o marcadamente pilosa. Pie ausente, sin anillo ni volva. Laminillas concurrentes, próximas a distantes, no hundidas. Esporada blanca. Crece en madera en descomposición.

ESPORADA BLANCA, CLARA O GRISÁCEA

SOBRE SUELO

Russula

Esporomas medianos a grandes, carnosos, de consistencia frágil, similar a tiza mojada, que se parte fácilmente y no exudan látex al cortarlos. Sombrero convexo, deprimido centralmente, con coloración variable, superficie lisa a aterciopelada, de consistencia seca a húmeda. Pie central, cilíndrico y robusto, sin anillo ni volva. Laminillas adnatas a subdecurrentes, con tonos blanquecinos a grisáceos, apretadas. Esporada blanca, crema o grisácea. Crece en el suelo asociado a especies introducidas como pinos y robles.

Schizophyllum

Esporomas medianos, membranáceos, coriáceos. Sombrero espatulado o con forma de abanico, con tonos castaños a grisáceos, superficie tomentosa, seca. Pie ausente o reducido y lateral, sin anillo ni volva. Laminillas concurrentes, hundidas, curvadas hacia el sombrero, próximas, blancas a grisáceas. Esporada blanca. Crece en madera.

ESPORADA VIOLETA OSCURA A NEGRUZCA
SOBRE SUELO
SOBRE HOJARASCA
MADERA EN DESCOMPOSICIÓN
SOBRE ESTIÉRCOL

Stropharia

Esporomas pequeños a medianos, carnosos. Sombrero cónicos a convexos, con el margen liso, generalmente con restos de velo, pero nunca formando bandas, con tonalidades amarillentas a bordó, con la superficie del sombrero lisa, glutinosa o pegajosa en estado húmedo. Pie central, cilíndrico, con anillo bien formado, muchas veces glutinoso, sin volva. Laminillas anexas a adnatas, anchas, con tonalidades grisáceas a violáceas oscuras o negras. Esporada violeta oscura a negruzca. Crece en el suelo, hojarasca, madera en descomposición o estiércol.

ESPORADA BLANCA

SOBRE SUELO

Tricholoma

Esporomas grandes, carnosos. Sombrero convexo, de coloración y superficie variable. Pie central, fibroso, cilíndrico, con anillo, sin volva. Laminillas anexas a adnatas, blancas, apretadas. Esporada blanca. Crece en el suelo.

Volvariella

Esporomas pequeños a grandes, carnosos, frágiles. Sombrero convexo a plano, de coloraciones variables, superficie lisa a fibrilosa, seca, margen liso incurvado. Pie central, cilíndrico, fibroso, sin anillo, con volva. Laminillas libres, apretadas, blancas que se van volviendo rosadas. Esporada rosada. Crece en el suelo, hojarasca o madera en descomposición.

Xeromphalina

Esporomas pequeños, frágiles. Sombrero convexo a aplanado, con tonalidades castañas, anaranjadas o amarillentas, superficie seca, lisa, margen estriado. Pie central, cilíndrico, carnoso, relativamente rígido, fuertemente aterciopelado con tonalidades amarillentas a mostaza, sin anillo ni volva. Laminillas anexas a adnatas, blancas a castaño amarillentas, próximas. Esporada blanca. Crece en madera en descomposición.

Glosario

Adnatas (laminillas): en contacto con el pie en un ángulo de 90º.
Anexas (laminillas): ligeramente en contacto con el pie.
Anillo: su formación se debe al velo parcial. Cuando el sombrero se extiende al crecer el esporoma, esta membrana se rompe, quedando en algunos casos parte de ella en el pie, al que le rodea dando lugar al llamado anillo. Puede ser: simple o doble, fijo o móvil, embudado, escamoso, harinoso, granuloso o en forma de pollera. También puede ocurrir que el anillo sea persistente o desaparezca fácilmente (fugaz).
Concurrentes (laminillas): laminillas decurrentes en un esporoma sin pie.
Cónico (sombrero): con un desnivel hacia los márgenes.
Convexo (sombrero): con un desnivel hacia el centro.
Decurrentes (laminillas): que descienden por la parte superior del pie.
Diploide: que presenta en su núcleo dos juegos de cromosomas homólogos.
Esporada: color de las esporas en masa.
Estriado: que tiene estrías.
Flabeliforme: en forma de abanico.
Glabro: desprovisto de pelos.

Grácil: que es fino y delicado.
Haploide: que presenta un único conjunto de cromosomas en el núcleo de la célula.
Hifa: filamento que se origina a partir de una espora y consiste en células alargadas y cilíndricas.
Humícola (hábito): que crecen en humus.
Inserción (de laminillas): forma de vincularse de las laminillas con el pie. Este rasgo es de suma importancia para la identificación de las especies.
Laminillas: pliegues en la cara inferior del sombrero. En ellas se forman las esporas.
Libres (laminillas): cuando las laminillas no llegan a estar en contacto con el pie, se puede ver un área sin laminillas rodeando al pie.
Lignícola (hábito): que crecen en madera en descomposición.
Márgen: borde del sombrero.
Meiosis: es una forma de reproducción sexual, es un proceso de división celular en la que una célula diploide experimenta dos divisiones sucesivas, con la capacidad de generar cuatro células haploides.
Micelio: conjunto de hifas que forman el cuerpo vegetativo del hongo.
Muscicola (hábito): que crecen sobre musgos.
Pie: también llamado estípite, es la estructura de soporte del sombrero. Puede estar presente o no dependiendo de la especie.
Píleo: también llamado sombrero, es la parte fundamental de los esporomas. Porta las laminillas.
Plicado: que se pliega longitudinalmente.
Velo parcial: estructura que protege el desarrollo de las laminillas en esporomas jóvenes. Puede ser membranoso o fibrilloso (como una telaraña), formando una capa entre el pie y el margen del sombrero. Algunos son evanescentes, desaparecen con la ruptura, mientras que

otros pueden dejar un anillo.

Velo universal: estructura que envuelve al esporoma cuando es joven. El velo finalmente se romperá por el hongo creciente, pero generalmente deja evidencias con algunos restos como la volva, o bien como escamas en la parte superior del sombrero.

Volva: estructura en forma de copa localizada en la base del pie de algunos esporomas cuyo origen está en el velo universal que se rompe cuando el esporoma crece.

Xilobionte (hábito): que está relacionado con el leño.

Agradecemos a Alina Greslebin por la ilustración de la figura 6, a María Constanza Ranieri por las fotos de Panaeolus y a Abel Fernandez por la foto de Paxillus. Las restantes fotos son de los 3 autores. Las ilustraciones son de María Victoria Vignale.

Índice taxonómico

Made in the USA
Monee, IL
05 November 2026

67380476R00055